新型职业农民书架 🌿 园艺作物病虫害图谱系列

桃病虫害
识别与防治
图谱

中国农业科学院郑州果树研究所　组织编写

申公安　王志强　主编

Tao bingchonghai shibie yu fangzhi
TUPU

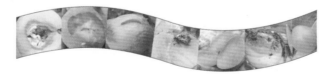

中原农民出版社
·郑州·

图书在版编目（CIP）数据

桃病虫害识别与防治图谱/申公安，王志强主编.—郑州：中原农民出版社，2016.7（2018.10重印）

ISBN 978－7－5542－1461－9

Ⅰ.①桃… Ⅱ.①申… ②王… Ⅲ.①桃－病虫害防治－图谱
Ⅳ.①S436.631-64

中国版本图书馆CIP数据核字（2016）第159232号

本书编者

主　编	申公安	王志强				
副主编	张亚冰	郝峰鸽	王力强	温建华	牛　良	王振杰
参编者	王志刚	李晓荣	何海英	程大伟	冯　虎	秦海东
	牛彦良	肖永成				

出版：中原农民出版社

官网：www.zynm.com

地址：郑州市经五路66号

邮政编码：450002

办公电话：0371-65751257

购书电话：0371-65724566

出版社投稿信箱：Djj65388962@163.com

交流QQ：895838186

策划编辑电话：13937196613

发行单位：全国新华书店

承印单位：河南安泰彩印有限公司

开本：787mm×1092mm　　　　　　1/16

印张：7.5

字数：156千字

版次：2016年7月第1版　　　　　　印次：2018年10月第2次印刷

书号：ISBN 978－7－5542－1461－9　　　定价：58.00元

本书如有印装质量问题，由承印厂负责调换

前　言

　　桃果实味道鲜美，营养丰富，是深受人们喜爱的传统果品之一，在全国各地均有广泛栽培。桃果实除鲜食外，还可加工成桃汁、桃脯、桃酱、桃干和桃罐头等；桃树的根、叶、花以及桃仁还可入药，具有止咳、活血、通便等功能；桃仁含油量达45%，可榨取工业用油；桃核硬壳制成的活性炭是用途广泛的工业原材料。

　　桃树对土壤条件要求不严，栽培管理容易，具有早果、丰产、稳产等特点，和其他落叶果树相比，投产快，早期经济效益高，因此，备受生产者青睐。今后，随着国民经济的发展，人民生活水平的提高，贮运设备及技术的改进，桃的产销量有可能会进一步提高。

　　科学合理地进行病虫害防治是果园优质高产的保证。叶部病虫害，如桃细菌穿孔病、白粉病、蚜虫、红蜘蛛、桃小叶蝉等，如不及时防治，会造成叶片光合产量下降，有机营养缺乏，最终导致产量、品质降低；果实病虫害，如疮痂病、炭疽病、褐腐病、梨小食心虫、橘小食蝇等，可直接导致产量损失；枝干及根部病害，如红颈天牛、侵染性流胶病、根癌病等，轻者使树体衰弱，造成减产降质，重者直接导致树体死亡。

　　近年来，随着果树栽培面积的迅速扩大，以及频繁、大范围的引种、调动苗木和果品，导致病虫害传播加快，如橘小实蝇，已从南方扩散到华北等地。由于我国的桃产业正逐渐由原来以家庭为单位的小规模经营向产业化转化，种植规模的扩大也导致一些病虫害发生加重，一些桃生产经营者由于对病虫害发生规律不熟悉，缺乏病虫害识别和管理经验，各种问题层出不穷，常见问题有：

　　①由于不能正确识别病虫而盲目用药和不规范用药造成药害。

　　●如桃在生长季节，严禁使用氧乐果及乐果，包括将乐果作为隐性成分的农药产品，以免造成落叶落果。

　　●使用生物杀虫剂，如苏云金杆菌、绿僵菌、核型多角体病毒时，严禁同任何化学杀菌剂混用。因为生物杀虫剂见水后才能产生活性，3天内活性达到高峰，如混用杀菌剂，会杀死菌丝体，降低药效；其次使用完生物杀虫剂，10天内慎用化学杀菌剂，以免发生药害。

　　●毒死蜱在桃生长季节使用，易产生卷叶，请合理使用。

　　●桃园四周不要种植椿树、楝树，这两种树会诱发大量斑衣蜡蝉危害。榆树、槐树、花椒易诱发蚜虫危害造成煤污病。

●生长季节请勿盲目混用农药，当病虫混发或多病害同发必须一喷多防时，请先看清楚农药标识及配伍禁忌。

②滥用农药造成环境污染，甚至酿成食品安全事件。

…………

因此，如何正确识别病虫害，做好病情、虫情预测预报，并根据病虫害的发生规律，采取科学有效的病虫害防治措施，是桃树生产者面临的一个大难题。

为更好地服务于广大桃种植者及相关技术人员，我们受中原农民出版社之托，编写了本书。书中收集了笔者多年来拍摄的、典型的桃主要病虫及危害状照片，配备了简练的文字——对病虫的发生部位、危害症状、发生规律等进行了简要介绍，力争使读者看后能够快速、准确地识别常见的病虫害，并有针对性地进行预防和治疗，真正帮助果农朋友解决实际问题，避免错、乱、盲目用药。本书个别照片来自行业同仁的网络发布，在此表示感谢！

由于编者水平有限，书中错误和疏漏之处在所难免，恳请同行专家、广大果农朋友批评指正！

编　者

目　录

五、生理性病害

六、药害与肥害

一、真菌性病害

　　由植物病原真菌引起的病害称为真菌性病害，占植物病害的70%～80%，一种作物上可发现几种甚至几十种真菌病害。许多真菌病害由于病菌及寄主的不同而有明显的地理分布。我国大部分桃产区都处在东亚季风气候区，夏季炎热多雨，桃病虫害较多，危害严重。真菌病害的侵染循环类型最多，许多病菌可形成特殊的组织或孢子越冬。在温带，土壤、病残组织和病枝常是病菌的越冬场所；大多数病菌的有性孢子在侵染循环中起初侵染作用，其无性孢子起不断再侵染的作用。田间主要由气流、降水、洪水、昆虫和人事操作等传播。传播真菌病害的昆虫与病原真菌间绝大多数没有特定关系。真菌的菌丝片段可发育成菌株，直接侵入寄主表皮，有时导致某些寄生性弱的细菌再侵入，或与其他病原物进行复合侵染，使病症加重。

常见病症

　　炭疽病、煤污病、褐斑穿孔病、霉斑穿孔病、灰霉病、曲霉软腐病、菌核病、褐腐病、白粉病、疫病、木腐病、侵染性流胶病、藻斑病等。明显的症状可用肉眼直接观察到。病害症状的出现与品种、器官、部位、生育时期以及外界环境有密切关系。许多真菌性病害在环境条件不适宜时完全不表现症状。真菌性病害的症状与病原真菌的种类有密切关系，如灰霉菌产生黑粉状物等。

有效防治措施

　　农业防治　选用抗病品种，合理施肥，及时灌溉排水，适度整枝打杈，搞好桃园卫生和安全运输贮藏等。

　　物理防治　清除病株及病部组织。

　　化学防治　化学药剂防治作用迅速、效果显著，操作方法比较简便，是人类与病害做斗争的重要手段和武器。可针对性选择靶标药剂。

（一）炭疽病

1. 发病症状　如图1-1-1、图1-1-2所示。

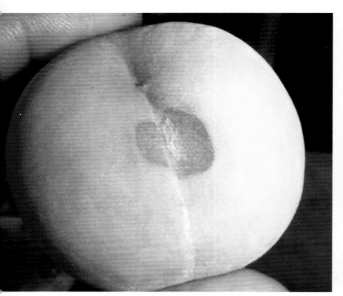

图1-1-1　果实上发病

图1-1-2　叶片上发病

2. 识别与防治要点　见表1-1。

表1-1　炭疽病识别与防治要点

危害部位	果实、叶片、新梢
危害症状	果面产生淡褐色小斑点，逐渐扩大，成为圆形或椭圆形的红褐色病斑。病斑显著凹陷，其上散生橘红色小粒点，并有明显的同心环状皱纹 新梢受害，初在表面产生暗绿色水渍状长椭圆的病斑，后渐变为褐色，边缘带红褐色，略凹陷，表面也长有橘红色的小粒点 叶片发病，产生近圆形或不整形淡褐色的病斑，病健部分界明显，后病斑中部变灰褐色或灰白色，并有橘红色至黑色的小粒点长出。最后病组织干枯、脱落，造成叶片穿孔。叶缘两侧向正面纵卷，嫩叶可卷成圆筒形
发病条件	病菌发育最适温度为25℃左右，最低12℃，最高33℃
推荐用药	咪鲜胺、代森锰锌、苯醚甲环唑

（二）煤污病

1. 发病症状　如图1-2-1至图1-2-3所示。

图1-2-1　煤污病在叶片上的表现

图1-2-2　煤污病危害果实

图1-2-3　煤污病危害果实

2. 识别与防治要点　见表1-2。

表1-2　煤污病识别与防治要点

危害部位	果实、叶片、枝
危害症状	果实、叶片发病时初呈污褐色圆形或不规则形霉点，后形成煤污状物质，叶、枝及果面布满黑色霉层，影响光合作用，引起桃树提早落叶
发病条件	煤污病病菌以菌丝和分生孢子在病叶上、土壤内及植物残体上越冬，翌年春天产生分生孢子，借风雨及蚜虫、介壳虫、粉虱等传播蔓延。荫蔽、湿度大的桃园或梅雨季节易发病
推荐用药	咪鲜胺、乙蒜素、抑霉唑

（三）褐斑穿孔病

1. 发病症状　如图1-3-1至图1-3-6所示。

图1-3-1　褐斑穿孔病在成龄叶片上的表现

图1-3-2　褐斑穿孔病在幼叶上的表现

图1-3-3　褐斑穿孔病中后期表现

图1-3-4　褐斑穿孔病后期表现

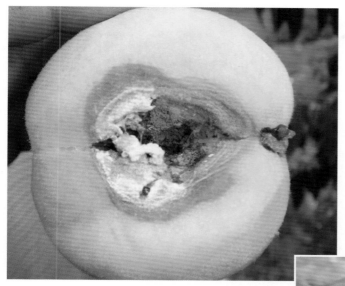

图1-3-5　褐斑穿孔病病果（毛桃）

图1-3-6　褐斑穿孔病病果（油桃）

2. 识别与防治要点　见表1-3。

表1-3　褐斑穿孔病识别与防治要点

危害部位	果实、叶片
危害症状	在叶片两面形成圆形或近圆形病斑，边缘紫色或红褐色略带环纹，直径1～4毫米；后期病斑上长出灰褐色霉状物，病斑中部干枯脱落，形成穿孔，穿孔的边缘整齐。穿孔多时，叶片脱落 果实染病，症状与叶片相似，均产生灰褐色霉状物
发病条件	发病适温为28℃，低温多雨利于发病
推荐用药	咪鲜胺、乙蒜素、代森锰锌

（四）灰霉病

1. 发病症状 如图1-4-1至图1-4-6所示。

图1-4-1 灰霉病在叶片上的表现

图1-4-2 灰霉病在叶片上的表现

图1-4-3 灰霉病在果实上的表现（毛桃）

图1-4-4 灰霉病在果实上的初期表现（毛桃）

图1-4-5　灰霉病在果实上的中期表现（油桃）

图1-4-6　灰霉病在果实上的后期表现（毛桃）

2. 识别与防治要点　见表1-4。

表1-4　灰霉病识别与防治要点

危害部位	花、叶片、果实
危害症状	花器发病，初期病花逐渐变软枯萎腐烂，以后在花萼和花托上密生灰褐色霉层，最终病花脱落，或不能顺利脱落而残留在幼果上，引起幼果发病 幼果发病，开始在果面上产生淡绿色小圆斑，以后全果腐烂，最终干缩成僵果悬挂于枝上。接近成熟期果实病状见图1-4-4至图1-4-6 叶片感病症状如图1-4-1至图1-4-2所示
发病条件	发病的适宜空气相对湿度为90%～95%，适宜温度为21～23℃
推荐用药	啶酰菌胺、嘧霉胺、扑海因、速克灵、苯噻菌酮

（五）曲霉软腐病

1. 发病症状　如图1-5-1至图1-5-7所示。

图1-5-1　曲霉软腐病侵染露地毛桃果实症状（初期）

图1-5-2　曲霉软腐病侵染露地毛桃果实症状（后期）

图1-5-3　曲霉软腐病危害设施内毛桃果实症状

图1-5-4　曲霉软腐病危害设施内毛桃果实症状

图1-5-5　曲霉软腐病中期病果

图1-5-6　曲霉软腐病后期病果

图1-5-7　虫害诱发曲霉软腐病

2. 识别与防治要点　见表1-5。

表1-5　曲霉软腐病识别与防治要点

危害部位	果实
危害症状	果实后期发病较重，病果呈淡褐色软腐状，表面长有浓密的白色细绒毛，即病原菌的菌丝层，几天后在绒毛丛中生出黑色小点，即病原菌的孢子囊。病果迅速软化腐烂，果皮易松脱，果面溢出黏液，最后皱缩成僵果
发病条件	21～38℃的高温最有利病菌的扩散。因而，此病常见于温热的地区。曲霉的侵染需要伤口和很高的湿度。病菌的分生孢子存在于各种基质，甚至空气中，但只有果皮破裂才能感染
推荐用药	乙蒜素+咪鲜胺、乙蒜素+戊唑醇

（六）菌核病

1. 发病症状   如图1-6-1至图1-6-4所示。

图1-6-1   菌核病在幼果上的危害表现

图1-6-2   菌核病危害果实

图1-6-3　菌核病在枝干上的危害表现　　图1-6-4　菌核病在新枝上的危害

2. 识别与防治要点　见表1-6。

表 1-6　菌核病识别与防治要点

危害部位	果实、枝条、叶片、花
危害症状	幼果发病，初在果面上产生淡绿色近圆形病斑，后变淡褐色并扩大，病部果肉腐烂，有不明显的轮纹。病斑上产生灰绿色的菌丝，后期病果全部腐烂，果面上产生很厚的初为白色、后为灰绿色的菌丝层，并在菌丝层上形成很多白色至灰黑色大小不一的菌核，最后病果干缩成僵果，挂在树上或落下 花受害后很快变褐枯死，多残留在枝上不脱落 叶片发病初为圆形褐色水浸状病斑，后扩大形成边缘绿褐色、中部黄褐色、有深浅相间的轮纹病斑 新梢发病病斑褐色，有流胶现象，当病斑绕枝一周时形成枯枝
发病条件	病菌主要以菌核在病僵果上越冬。落地的僵果到翌年3月中下旬菌核即萌发抽盘，散发出大量子囊孢子，此时正值桃花盛开之际，如天气多阴雨，即能造成大量花朵的发病，很快枯死，并成为带病的组织。病花的碎片残体（包括花瓣、花药、花线、花柱及花萼等）遇到风雨即被吹散，散落和黏附在新叶和幼果上，引起叶片和幼果发病。因此，在病叶和病果的病斑上，一般都可明显地看到黏附有病花的碎片或残余物 桃园管理粗放、园地潮湿、排水不良、冬季不深翻、春季不耕锄、越冬病原多，春季桃树开花期及幼果期间阴雨连绵，就容易发病 由于桃花的花萼形大、雄蕊多、花丝长，并在幼果上留存的时间较长，较易附着病残物。因此，在桃树幼果生长期间如多低温阴雨，幼果发育滞缓，花萼不能顺利脱落时，极易发病 桃园内如间作油菜或有留种的十字花科蔬菜及莴苣等易发生菌核病的作物时，除易造成桃园阴湿、通风不良外，还容易增加病原，使桃树严重发病 桃幼果发病后，病菌还能通过病果与好果，或病叶与好果的相互接触而传播，因此，如留果多，留枝过密，果与果、果与叶间相互密接时，往往能造成幼果染病。桃菌核病只在桃树花期及幼果期发生，5月以后不再发生
推荐用药	乙蒜素+咪鲜胺、乙蒜素+戊唑醇

（七）霉斑穿孔病

1. 发病症状　　如图1-7所示。

图1-7　霉斑穿孔病叶片

2. 识别与防治要点　　见表1-7。

表1-7　霉斑穿孔病识别与防治要点

危害部位	叶片
危害症状	叶片上的病斑，初为淡黄绿色，后变为褐色，呈圆形或不规则形，直径2~6毫米。幼叶被害后大多焦枯，不形成穿孔
发病条件	日均温19℃时为5天，日均温1℃时则为34天，低温多雨利其发病
推荐用药	乙蒜素、抑霉唑

（八）褐腐病

1. 发病症状　如图1-8-1至图1-8-3所示。

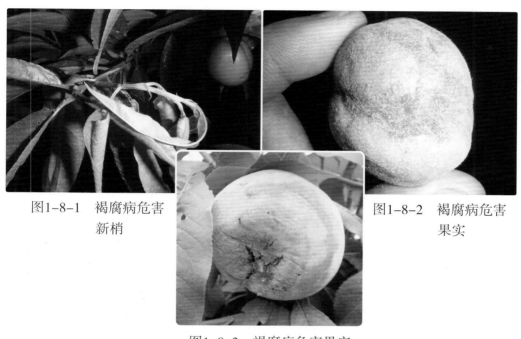

图1-8-1　褐腐病危害新梢

图1-8-2　褐腐病危害果实

图1-8-3　褐腐病危害果实

2. 识别与防治要点　见表1-8。

表1-8　褐腐病识别与防治要点

危害部位	花、果实、新梢
危害症状	在开花期低温高湿，花染病后变褐色而枯萎。天气潮湿时，病花表面丛生灰色霉层。新梢嫩叶受害，自叶缘开始逐渐变褐萎垂 果实自幼果至成熟期均可受害，果实被害后在果实表面出现褐色圆形病斑，果肉也随之变褐软腐
发病温度	发病适温为19～27℃，最佳产孢温度范围17～23℃；不同光照条件对桃褐腐病菌生长影响不大，病菌对酸碱度适应性很强，生长和产孢的适宜pH 5.5～6.0
推荐用药	乙蒜素+咪鲜胺

（九）青霉菌危害

1. 发病症状　如图1-9-1、图1-9-2所示。

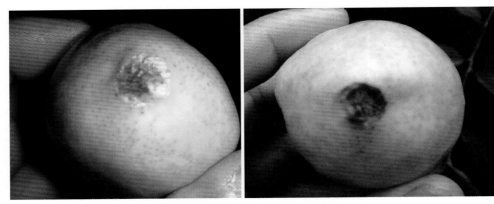

图1-9-1　青霉菌危害油桃生育时果实

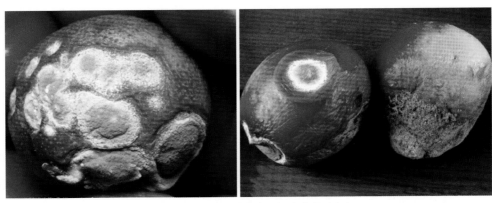

图1-9-2　青霉菌侵染贮藏期果实

2. 识别与防治要点　见表1-9。

表1-9　青霉菌危害识别与防治要点

危害部位	果实
危害症状	果实顶端凹陷，病斑褐色，斑上有青霉菌孢子呈现
发病条件	青霉菌的适生条件为温度20～30℃、空气相对湿度90%
推荐用药	乙蒜素+咪鲜胺、抑霉唑

（十）白粉病

1. 发病症状　如图1-10-1至图1-10-3所示。

图1-10-1　白粉病危害果实

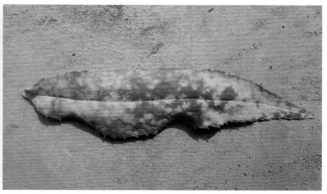

图1-10-2　白粉病危害叶片　　　　图1-10-3　白粉病危害严重，导致落叶

2. 识别与防治要点　见表1-10。

表1-10　白粉病识别与防治要点

危害部位	果实、叶片
危害症状	在果实或叶片上出现白色圆形或不规则形的粉状斑块，接着表皮附近组织枯死，形成浅褐色病斑，后病斑稍凹陷，硬化
发病条件	分生孢子萌发温度为4～35℃，适温为21～27℃，在直射阳光下经3～4小时，或在散射光下经24小时，即丧失萌发力，但抗霜冻能力较强，遇晚霜仍可萌发
推荐用药	戊唑醇、乙醚酚、吡唑醚菌酯

（十一）疫病

1. 发病症状　如图1-11-1至图1-11-3所示。

图1-11-1　疫病侵染设施内桃叶片受害状

图1-11-2　疫病侵染设施桃果实受害状

图1-11-3 设施桃混发疫病和炭疽病

2. 识别与防治要点 见表1-11。

表1-11 疫病识别与防治要点

危害部位	果实、叶片
危害症状	叶上初期表现如同高温障碍，持续高温后失水，后期变干 果实初期果面如同溃疡病有水渍斑，后期逐步扩大诱发腐烂
发病条件	温度32~36℃，空气相对湿度70%~100%
推荐用药	甲霜灵锰锌、代森锰锌、乙膦铝、霜脲氰锰锌

（十二）侵染性流胶病

1. 发病症状　如图1-12所示。

图1-12　侵染性流胶病

2. 识别与防治要点　见表1-12。

表1-12　侵染性流胶病识别与防治要点

危害部位	枝干
危害症状	初时以皮孔为中心产生疣状小突起，后扩大成瘤状突起物，上散生针头状黑色小粒点，翌年5月病斑扩大开裂，溢出半透明状黏性软胶，后变茶褐色，质地变硬，吸水膨胀呈胨状胶体，严重时枝条枯死
发病条件	此病多发生在高温高湿环境中，枝干表皮孔开张，病菌由皮孔侵入，在运输养分皮层中产生病变
推荐用药	刮除胶实体，涂抹乙蒜素+复硝酚钠

（十三）木腐病

1. 发病症状　如图1-13-1、图1-13-2所示。

图1-13-1　木腐病危害枝干

图1-13-2　木腐病危害伤口

2. 识别与防治要点　见表1-13。

表1-13　木腐病识别与防治要点

危害部位	枝干及伤口处
危害症状	病部表面长出灰色的病菌子实体，多由锯伤口长出，少数从枝干长出，每株形成的病菌子实体一个至数十个，以枝干基部受害重，常引致树势衰弱，叶色变黄或过早落叶，致产量降低或不结果
发病条件	病菌发生适温30～33℃，气温低于14℃或高于40℃即停止侵染
推荐用药	刮除子实体，涂抹乙蒜素+复硝酚钠

（十四）缩叶病

1. 发病症状　如图1-14-1至图1-14-5所示。

图1-14-1　缩叶病边缩型危害嫩梢症状

图1-14-2　缩叶病边缩型危害全树症状

图1-14-3　缩叶病肿缩型危害初期症状

图1-14-4　缩叶病肿缩型危害中期症状

图1-14-5　缩叶病肿缩型危害春梢初期症状

2. 识别与防治要点　见表1-14。

表1-14　缩叶病识别与防治要点

危害部位	叶片、枝梢
危害症状	春季嫩叶刚从芽鳞抽出时就显现卷曲状，颜色发红。随叶片逐渐开展，卷曲皱缩程度也随之加剧，叶片增厚变脆，并呈红褐色。春末夏初在叶表面生出一层灰白色粉状物，即病菌的子囊孢子。最后病叶变褐，焦枯脱落。 叶片脱落后，腋芽常萌发抽出新梢，新叶不再受害 枝梢受害后呈灰绿色或黄色，较正常的枝条节间短，而且略粗肿，其上叶片常丛生。严重时整枝枯死
发病条件	病菌繁殖适宜温度为20℃，最低在10℃，最高为30℃
推荐用药	乙蒜素+复硝酚钠或复硝酚钠+咪鲜胺

（十五）藻斑病

1. 发病症状　如图1-15所示。

图1-15　藻斑病

2. 识别与防治要点　见表1-15。

表1-15　藻斑病识别与防治要点

危害部位	枝干
危害症状	枝干表皮生淡绿色藻斑
发病条件	高温高湿，通风不良
推荐用药	生石灰乳涂干

（十六）溃疡病

1. 发病症状　如图1-16所示。

图1-16　设施桃新梢溃疡病症状

2. 识别与防治要点　见表1-16。

表1-16　溃疡病识别与防治要点

危害部位	嫩枝、叶片
危害症状	该病侵害新梢和叶片时，在新梢上形成暗褐色溃疡斑，叶片上产生暗褐色近圆形病斑
发病条件	病原菌以菌丝体、子囊壳和分生孢子器在枝干病组织内及地面上的落叶、烂果上或土壤中越冬。翌年春季孢子从伤口或枯死部位侵入寄主体内，形成分生孢子器和分生孢子，在适宜条件下可再次侵染。病果是远距离传播的主要途径
推荐用药	复硝酚钠+甲基硫菌灵或甲霜灵

二、细菌性病害

　　细菌性病害是由病原细菌侵染所致的病害，如穿孔病、疮痂病、酸腐病等。侵害植物的细菌都是杆状菌，大多数具有一至数根鞭毛，可通过自然孔口（气孔、皮孔、水孔等）和伤口侵入，借流水、雨水、昆虫等传播，在病残体、种子或土壤中过冬，在高温、高湿条件下容易发病。在发病后期遇潮湿天气，危害部位溢出黏液，是细菌病害的特征。

常见症状

　　斑点并穿孔　由假单孢杆菌侵染引起的，有相当数量呈斑点状，如细菌性穿孔病、疮痂病等。

　　腐烂　多数由欧文杆菌侵染植物引起腐烂。

　　畸形　由癌肿杆菌侵染所致，使植物的根、根颈及枝干上造成畸形，呈瘤肿状，如根癌病等。

　　细菌性病害与真菌性病害的主要区别　细菌性病害无霉状物，真菌性病害有霉状物（菌丝、孢子等）。

有效防治措施

　　农业防治　第一，培育健壮植株，抗御细菌侵染；第二，防止修剪、移栽、冻害等对桃植株伤口造成感染，引发病害；第三，控制环境条件。

　　化学防治　发病初期用叶枯唑、农用链霉素、中生霉素等生物制剂对病治疗。

（一）细菌穿孔病

1. 发病症状　　如图2-1-1、图2-1-2所示。

图2-1-1　细菌穿孔病病叶

图2-1-2　细菌穿孔病病果

2. 识别与防治要点　　见表2-1。

表2-1　细菌穿孔病识别与防治要点

危害部位	叶片、果实
危害症状	发病初期为水浸状小圆点，以后扩大为圆形或不规则形病斑，病斑周围水浸状并有黄绿色晕环，后期干枯
发病条件	适温为24～28℃，最高温度为37℃，最低温度为3℃。致死温度为51℃持续10分。病原菌在干燥条件下可存活10～13天
推荐用药	乙蒜素+叶枯唑或硫酸链霉素（医用的较好）

（二）疮痂病

1. 发病症状　如图2-2-1至图2-2-3所示。

图2-2-1　疮痂病危害叶片

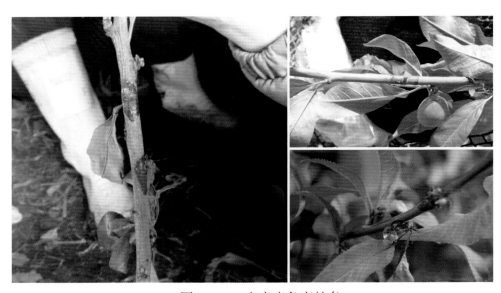

图2-2-2　疮痂病危害枝条

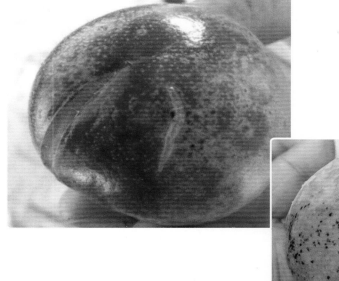

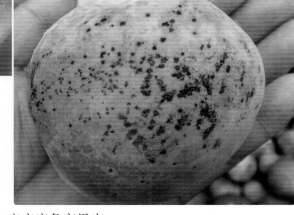

图2-2-3　疮痂病危害果实

2. 识别与防治要点　见表2-2。

表2-2　疮痂病识别与防治要点

危害部位	果实、叶片、枝条
危害症状	果实发病时多在果肩部产生暗褐色圆形小点，逐渐扩大至2～3毫米，后呈黑色痣状斑点，严重时病斑聚合成片。病菌扩展一般仅限于表皮组织。当病部组织坏死时，果实仍继续生长，病斑处常出现龟裂，呈疮痂状，严重时造成落果 枝条发病，病斑暗绿色，隆起，常发生流胶，病健组织界限明显 叶片发病开始于叶背，形成不规则多角形病斑，以后病斑干枯脱落，形成穿孔，严重时引起落叶。叶脉发病呈暗褐色长条形病斑
发病条件	露地4～5月产生分生孢子引起初侵染。借风雨传播。多雨或潮湿的环境有利于分生孢子的传播，地势低洼和郁闭的桃园发病率较高。南方地区雨季早，发病也较早，4～5月发病率最高；北方地区则在7～8月。该病原菌在果实中潜伏期为40～70天，因此，早熟品种在未现症状时即已采收，很少发现病害症状；晚熟品种病害症状明显
推荐用药	叶枯唑、硫酸链霉素、新植霉素

（三）根癌病

1. 发病症状　如图2-3-1至图2-3-5所示。

图2-3-1　根癌病

图2-3-2　根癌病

图2-3-3　根癌病

图2-3-4 根癌瘤剖面

图2-3-5 根上割下的癌瘤

2. 识别与防治要点　　见表2-3。

表2-3　根癌病识别与防治要点

危害部位	根部
危害症状	主要发生在根颈部，也发生于侧根和支根。染病后形成癌瘤。初生癌瘤为灰色或略带肉色，质软、光滑，以后逐渐变硬呈木质化，表面不规则，粗糙，而后龟裂。瘤的内部组织紊乱，起初呈白色，质地坚硬，但以后有时呈腐朽状
发病条件	该病为细菌性病害，病原细菌为根癌土壤杆菌，寄主范围非常广泛。病原细菌在根瘤组织的皮层内越冬，或在癌瘤破裂脱皮时进入土壤中越冬，在土壤中可存活数月至一年以上。雨水、灌水、移土等是主要传播途径，地下害虫如蛴螬、蝼蛄、线虫等也有一定的传播作用，带病苗木是远距离传播的最主要方式 细菌遇到根系的伤口，如虫伤、机械损伤、嫁接口等，侵入皮层组织，开始繁殖，并刺激伤口附近细胞分裂，形成癌瘤。碱性土壤有利于发病；土壤黏重、排水不良的果园发病较多；切接苗木发病较多，芽接苗木发病较少；嫁接口在土面以下有利于发病，在土面以上发病较轻
防治措施	复硝酚钠+乙蒜素+硫酸链霉素加水调成药浆，在定植时先蘸药浆后再定植。生长中后期，用复硝酚钠+乙蒜素+硫酸链霉素加水灌根

（四）酸腐病

1. 发病症状　如图2-4-1至图2-4-3所示。

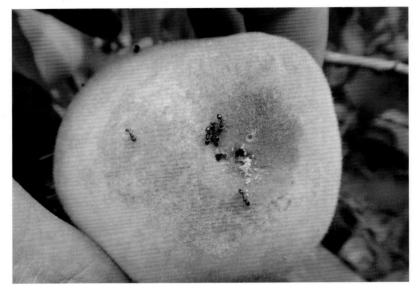

图2-4-1　酸腐病侵染果实初期症状

图2-4-2　酸腐病侵染果实中后期症状

图2-4-3　酸腐病侵染果实后期症状

2. 识别与防治要点　见表2-4。

表2-4　酸腐病识别与防治要点

危害部位	果实
危害症状	果肉变质腐烂
发病条件	果实在受到外因损伤或受到害虫侵食，高温高湿或雨雾天伤口处受微生物接触引起发病，果肉染病腐烂发酵后散发出酸甜的气味，招来大量蚂蚁、果蝇及金龟子危害果实
防治措施	摘除烂果挖坑深埋 喷氯氰菊酯+复硝酚钠+乙蒜素+叶枯唑预防发病

三、病毒性病害

由病毒寄生引起的植物病害。蚜虫、线虫等可以传播植物病毒，桃繁殖材料（砧木、接穗）是传播的主要途径。病毒病的发生与寄主植物、病毒、传毒媒体、外界环境条件，以及人为因素密切相关。当田间有大面积的感病植物存在，毒源、媒体多，外界环境有利于病毒的侵染和增殖，又利于传毒媒体的繁殖与迁飞时，植物病毒病就会流行。

常见症状

变色　由于营养物质被病毒利用，或病毒造成维管束坏死，阻碍了营养物质的运输，叶片的叶绿素形成受阻或积聚，从而产生花叶、斑点、环斑、脉带和黄化等病症。花朵的花青素也因而改变，使花色变成绿色或杂色等，常见的症状为深绿与浅绿相间的花叶症，如花叶病毒病等。

坏死　由于植物对病毒的过敏性反应等可导致细胞或组织死亡，变成枯黄至褐色，有时出现凹陷。在叶片上常呈现坏死斑、坏死环和脉坏死，在茎、果实和根的表面常出现条状坏死斑等。

畸形　由于植物正常的新陈代谢受干扰，体内生长素和其他激素的生成和植株正常的生长发育发生变化，可导致器官变形，如茎间缩短，植株矮化，生长点异常分化形成丛枝或丛簇，叶片的局部细胞变形出现疱斑、卷曲、蕨叶及带状化等。

有效防治措施

脱毒　植物繁殖材料可利用脱毒技术获得无毒繁殖材料，或通过药液热处理进行灭毒外，尚无理想的药剂治疗方法。

预防　本病宜以预防为主，综合防治。一方面消灭侵染来源和传播媒体，另一方面采取农业技术措施，包括增强植物抗病力，推广抗病或耐病品种等。

花叶病毒病

1. 发病症状　如图3-1所示。

图3-1　桃花叶病毒病在叶片的危害症状

2. 识别与防治要点　见表3-1。

表3-1　花叶病毒病识别与防治要点

危害部位	叶片
危害症状	发病初期病叶上出现斑驳，继而发展成黄绿色的褪绿斑块，严重时褪绿部分呈黄色，甚至黄白色。有时新梢叶片全部发病。该病具高温隐症现象
发病条件	病毒可以通过各种组织结合传播，如通过昆虫传毒与嫁接传病，特别是接穗传播
推荐用药	氨基寡糖素+复硝酚钠混喷

四、虫害

危害植物的动物种类很多，主要是昆虫，也有螨类、蜗牛、鼠类、鸟类等。昆虫中虽有很多属于害虫，但也有益虫，对益虫应加以保护、繁殖和利用。因此，认识昆虫，研究昆虫，掌握害虫发生和消长规律，对于防治害虫，保护作物获得优质高产，具有重要意义。

危害部位及常见害虫种类

根据主要危害部位，大致可分为：

叶部害虫　蚜、螨、绿盲蝽、金龟子等。

枝条害虫　桃蛀螟、天牛类、蚧类、斑衣蜡蝉等。

果实害虫　桃蛀螟、绿盲蝽等。

根部害虫　蛴螬及根结线虫等。

有效防治措施

农业防治　是利用农业技术措施，在不用药或者少用药的前提下，改善植物生长的环境条件，增强植物对虫害的抵抗力，创造不利于害虫生长发育或传播的条件，以控制、避免或减轻虫害。主要措施有培育壮树，适时修剪，及时中耕松土，科学施肥，及时排涝抗旱等。

应用该类措施花钱少，收效大，作用时间长，不伤害天敌。

物理防治　利用简单工具和各种物理因素，如光、热、电、温度、湿度、放射能和声波等防治虫害的措施。包括最原始、最简单的徒手捕杀或清除。

化学防治　就是使用化学农药防治植物虫害的方法。

生物防治　利用有益生物或其他生物来抑制或消灭有害生物的一种防治方法。简单地说就是以虫治虫或以菌治虫。

（一）梨小食心虫

1. 虫体形态与危害症状　如图4-1-1至图4-1-2所示。

图4-1-1　梨小食心虫虫体形态

造成新梢死亡造成新梢流胶

图4-1-2　梨小食心虫危害状

2. 识别与防治要点　见表4-1。

表4-1　梨小食心虫识别与防治要点

危害部位	新梢
危害症状	从新梢顶端第二至第三片叶片的基部蛀入，蛀孔外有虫粪排出，被害梢不久就萎蔫下垂
危害时期	梨小食心虫一年发生5～6代。7～8月危害严重
推荐用药	丙溴磷、氰马乳油

（二）蚜虫

1. 虫体形态与危害症状　如图4-2-1至图4-2-3所示。

图4-2-1　桃蚜种类及虫体形态

图4-2-2 桃蚜危害幼芽、新梢及叶片症状

图4-2-3　桃蚜危害果实症状

2. 识别与防治要点　见表4-2。

表4-2　蚜虫识别与防治要点

危害部位	新梢、叶片、花器及幼果
危害症状	群集在新梢、嫩芽和幼叶背面刺吸营养，使被害部分出现黑色、红色和黄色小斑点，叶片向背面卷曲。导致新梢不能生长，成年叶非正常脱落，影响产量及花芽形成，削弱树势 蚜虫危害刚刚开放的花朵，刺吸子房营养，影响坐果，降低产量。蚜虫排泄的蜜露，污染叶面及枝梢，使桃树生理作用受阻，常造成煤污病，加速早期落叶，影响生长 危害果实形成畸形果。此外，桃蚜还能传播桃树病毒病
危害时期	桃蚜一年发生10余代甚至20余代。以卵在桃树芽腋、裂缝和小枝杈等处越冬。翌年3月中下旬开始孵化，群集芽上危害。嫩叶展开后，群集叶背面危害，并排泄蜜状黏液。被害叶呈不规则的卷缩状。影响新梢和果实生长。雌虫在4月下旬至5月繁殖最盛，危害最大。5月下旬以后，产生有翅蚜，迁飞转移到烟草、蔬菜等作物上危害。10月，有翅蚜又迁飞回到桃树上危害，并产生有性蚜，交尾产卵越冬 桃蚜的发生与危害情况，受温度、湿度影响很大，尤其湿度至关重要，连日平均空气相对湿度在80%以上或大暴风雨后，虫口数量下降。春季干旱年份，发生危害特别严重
防治措施	化学防治：烯啶虫胺、丁硫克百威、马拉硫磷、辛硫磷（马拉硫磷、辛硫磷低温下效果差） 生物防治：利用瓢虫治蚜，如图4-2-4所示 <p align="center">图4-2-4　露地瓢虫若虫食蚜</p>

（三）害螨（红蜘蛛）

1. 虫体形态与危害症状　如图4-3-1至图4-3-3所示。

图4-3-1　红蜘蛛虫体形态

图4-3-2　红蜘蛛危害叶片症状

图4-3-3 害螨危害整树症状

2. 识别与防治要点 见表4-3。

表4-3 害螨识别与防治要点

危害部位	叶片
危害症状	常造成桃树叶片脱落，果实品质降低，甚至落果。害螨常群聚于叶背拉丝结网，于网下用口器刺入叶肉组织内吸汁危害，叶片正面呈现块状失绿斑点，叶背呈褐色，容易脱落
危害时期	每年发生代数因各地气候而异，一般3~9代。当平均气温达到9~10℃时即出蛰，此时芽露出绿顶，出蛰约40天即开始产卵，7~8月间繁殖最快，8~10月产生越冬成虫。越冬雌虫出现早晚与树受害程度有关，受害严重时7月下旬即可产生越冬成虫。危害期为4~10月
推荐用药	阿维达螨灵、螺螨酯、唑螨酯、炔螨特

（四）桃蛀螟

1. 虫体形态与危害症状　如图4-4-1至图4-4-4所示。

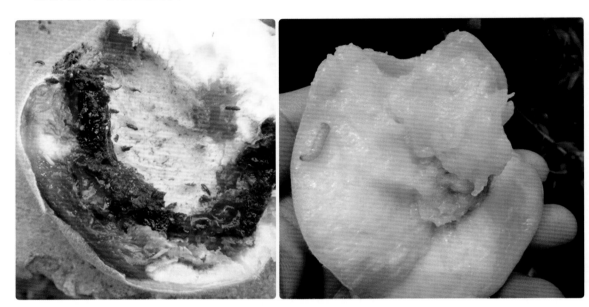

图4-4-1　桃蛀螟幼虫

图4-4-2　桃蛀螟的蛹

图4-4-3　桃蛀螟成虫

图4-4-4 桃蛀螟危害果实症状

2. 识别与防治要点 见表4-4。

表4-4 桃蛀螟识别与防治要点

危害部位	果实
危害症状	幼虫孵出后蛀入果实，蛀果孔常有流胶点，不久干涸呈白色蜡质粉末。幼虫在果内串食肉，并将粪便排在果内，幼果长成凹凸不平的畸形果，形成"豆沙馅"果。幼虫发育老熟后从果内爬出，果面上留一圆形脱果孔，孔径约火柴棒粗细
危害时期	4月中旬前后，幼虫开始破茧出土，出土可一直延续到7月中旬，5月上中旬为出土盛期。幼虫出土时间的早晚、数量多少与降水关系密切：降水早，则出土早；水量充沛，出土快而整齐；反之，则出土晚而不整齐
推荐用药	马拉硫磷、丙溴磷、氰马乳油

（五）舟形毛虫

1. 虫体形态与危害症状　　如图4-5所示。

图4-5　舟形毛虫危害新梢

2. 识别与防治要点　　见表4-5。

表4-5　舟形毛虫识别与防治要点

危害部位	叶片
危害症状	初孵幼虫常群集危害，小幼虫啃食叶肉，仅留下表皮和叶脉呈网状，幼虫长大后多分散危害，但往往是一个枝的叶片被吃光，老幼虫吃光叶片和叶脉而仅留下叶柄。一株树上有1~2窝舟形毛虫常将全树的叶吃光，致使被害枝秋季萌发
危害时期及特征	每年发生1代，以蛹在根部深约7厘米的土内过冬，7~8月羽化为成虫，盛期在7月中下旬，成虫白天静伏不动，夜间交尾产卵，有较强的趋光性，卵成块状，每块有几十粒，卵期约7天，幼虫早晚及夜间取食，老幼虫白天不取食，常头尾翘起，似舟状静止，故而叫舟形毛虫 小幼虫群集一起排列整齐，头朝同一方向，早晚取食，白天多静伏休息，受震动吐丝下垂，但仍可回到原先的位置继续危害。幼虫期多在8~9月间发生，所以又称"秋黏虫"，幼虫老熟后体长约5厘米，胴体紫红色至紫褐黑色，体两侧各有黄色至橙黄色纵条纹3条，各体节有黄色长毛丛。头黑色有光泽，腹部紫红色。幼虫危害期很易被发现
推荐用药	马拉硫磷、丙溴磷、氰马乳油、甲维盐

（六）蜗牛

1. 虫体形态与危害症状　如图4-6所示。

图4-6　蜗牛及危害叶片状

2. 识别与防治要点　见表4-6。

表4-6　蜗牛识别与防治要点

危害部位	叶片、果皮及果肉
危害症状	蜗牛用齿舌刮啃叶片，将叶片刮啃成孔洞或缺刻
危害规律	蜗牛越冬场所多在潮湿阴暗处，如桃树根部、草堆石块下或土缝里。越冬蜗牛在上树初期啃食嫩叶。到了夏天干旱季节便隐蔽起来，常常分泌黏液形成蜡状膜将壳口封住，暂时不吃不动。干旱季节过后又恢复活力，继续危害，11月逐步转入越冬状态。蜗牛为雌雄同体，异体受精或同体受精，每一个体均能产卵，每一成体可产卵30~235粒，卵粒成堆，多产在潮湿疏松的土里或枯叶下。4~5月或9月卵量较大，卵期14~31天，若土壤过分干燥，卵不能孵化。若将卵翻至地表，接触空气后易爆裂。蜗牛喜阴湿，如遇雨天，昼夜活动危害，而在干旱情况下，白天潜伏，夜间活动
推荐用药	甲萘威、四聚乙醛

（七）朝鲜球坚蚧

1. 虫体形态与危害症状　如图4-7-1、图4-7-2所示。

图4-7-1　朝鲜球坚蚧及其在主干上危害状

图4-7-2　朝鲜球坚蚧及其在幼枝上危害状

2. 识别与防治要点　见表4-7。

表4-7　朝鲜球坚蚧识别与防治要点

危害部位	枝干
危害症状	虫体黏附枝干吸食汁液，导致枝条生长衰弱，伴生煤污病，使桃树发生流胶病，干枯而死
发生规律	每年发生2代，以2龄若虫在枝干的老皮下、大枝干、裂皮缝处、剪锯口处越冬，3月出蛰，转移到枝条上取食危害，固着一段时间后，可反复多次迁移。4月上旬虫体开始膨大，以后逐渐硬化。5月初开始产卵，5月末为第一代若虫孵化盛期，爬到叶片背面，以及新梢上固着危害。第二代若虫8月间孵化，中旬为盛期，10月迁回，在适宜场所越冬
防治措施	生物防治，天敌种类很多，主要利用的有黑缘红瓢虫和寄生蜂 化学防治，可选用水胺硫磷、杀扑磷、螺虫乙酯、石硫合剂

（八）草履蚧

1. 虫体形态与危害症状　如图4-8所示。

图4-8　草履蚧及其危害状

2. 识别与防治要点　见表4-8。

表4-8　草履蚧识别与防治要点

危害部位	枝干
危害症状	该虫以群集固定危害为主，以其口器插入新皮，吸食树体汁液。卵孵化时，发生严重的桃园，植株枝干随处可见的若虫群落，虫口难以计数。介壳形成后，枝干上介壳密布重叠，枝条灰白，凹凸不平。被害树树势严重下降，枝芽发育不良，甚至引起枝条或全株死亡
危害时期	树液流动、芽萌发即开始危害
推荐用药	水胺硫磷、杀扑磷、螺虫乙酯、石硫合剂

（九）梨圆蚧

1. 虫体形态与危害症状　如图4-9-1至图4-9-4所示。

图4-9-1　梨圆蚧在桃树
　　　　　枝干上危害

图4-9-2　梨圆蚧在桃树枝
　　　　　干上孵化若虫

图4-9-3　梨圆蚧在桃树
　　　　　主干上危害

图4-9-4　梨圆蚧严重危害导致叶片黄化

2. 识别与防治要点　见表4-9。

表4-9　梨圆蚧识别与防治要点

危害部位	叶片、枝干、果实
危害症状	叶脉附近被害，则叶片逐渐枯死 枝条被害可引起皮层爆裂、落叶，抑制生长，甚至枯梢和整株死亡 果实被害，围蚧形成凹陷斑点，严重时果面龟裂，降低果品质量
危害时期	1~2龄若虫和少数受精雌虫在枝干上越冬，翌年春树液流动时继续危害。梨圆蚧为两性繁殖，以产仔方式繁殖后代。第一代幼虫期6月上旬出现，6月中旬为危害盛期，6月下旬为危害末期。第二代幼虫8月中旬出现，8月末为危害盛期，9月上旬为危害末期。初孵出若虫为鲜黄色，在壳内过一段短时间后爬行出壳
推荐用药	水胺硫磷、杀扑磷、螺虫乙酯、石硫合剂

（十）桑白蚧

1. 虫体形态与危害症状　如图4-10-1、图4-10-2所示。

图4-10-1　桑白蚧危害树干

图4-10-2　桑白蚧与朝鲜球坚蚧混生，同时危害树干

2. 识别与防治要点　见表4-10。

表4-10　桑白蚧识别与防治要点

危害部位	枝干
危害症状	该虫以群集固定危害为主，以其口针插入新皮，吸食树体汁液。卵孵化时，发生严重的桃园，植株枝干随处可见片片发红的若虫群落，虫口难以计数。介壳形成后，枝干上介壳密布重叠，枝条颜色灰白，形状凹凸不平。被害树树势严重下降，枝芽发育不良，甚至引起枝条或全株死亡
危害时期	桑白蚧一年发生4～5代，以受精雌成虫在枝干上越冬。翌年2月下旬越冬成虫开始取食危害，虫体迅速膨大并产卵，卵产于雌蚧壳下，每头雌虫可产卵数百粒。4月上旬产卵结束。第一代若虫于3月下旬始见，初孵若蚧先在壳下停留数小时，后逐渐爬出分散活动，1～2天后固定在枝干上危害。5～7天后开始分泌灰白色和白色蜡质，覆盖体表并形成介壳。5月下旬始见第二代若虫。6月上旬为第二代若虫盛发高峰期，6月下旬进入成虫期
推荐用药	水胺硫磷、杀扑磷、噻嗪酮、石硫合剂

（十一）白星花金龟子

1. 虫体形态与危害症状　如图4-11-1至图4-11-3所示。

图4-11-1　白星花金龟子成虫

图4-11-2　白星花金龟子幼虫（蛴螬）

图4-11-3　白星花金龟子危害果实

2. 识别与防治要点　见表4-11。

表4-11　白星花金龟子识别与防治要点

危害部位	果实
危害症状	主要是成虫啃食成熟或过熟的桃果实，尤其喜食风味甜的果实。幼虫为腐食性，一般不危害植物叶子
危害时期	以幼虫（蛴螬）在土中或粪堆内越冬，5月上旬出现成虫，发生盛期为6~7月，9月为末期。成虫具假死性和趋化性，飞行力强。多产卵于粪堆、腐草堆和鸡粪中。幼虫以腐草、粪肥为食，危害植物根部，在地表幼虫腹面朝上，以背面贴地蠕动而行
防治措施	马拉硫磷、辛硫磷、诱捕（见图4-11-4至图4-11-7）  图4-11-4　糖醋药液诱捕金龟子装置  图4-11-5　糖醋药液诱剂  图4-11-6　糖醋药液诱捕金龟子  图4-11-7　糖醋药液诱捕金龟子

（十二）黑绒金龟子

1. 虫体形态与危害症状　如图4-12-1至图4-12-3所示。

图4-12-1　黑绒金龟子成虫

图4-12-2　黑绒金龟子危害花蕾

图4-12-3　黑绒金龟子危害花蕊

2. 识别与防治要点　见表4-12。

表4-12　黑绒金龟子识别与防治要点

危害部位	嫩芽、花蕾、新叶
危害症状	主要以成虫危害嫩芽、花蕾和新叶，常造成缺刻，危害严重时造成叶、花全无
危害时期	3月底至4月初开始危害
推荐用药	马拉硫磷、辛硫磷、吡虫啉

（十三）苹毛金龟子

1. 虫体形态与危害症状 如图4-13-1、图4-13-2所示。

图4-13-1 苹毛金龟子成虫

图4-13-1 苹毛金龟子危害花蕾

2. 识别与防治要点 见表4-13。

表4-13 苹毛金龟子识别与防治要点

危害部位	花蕾、嫩芽、新叶
危害症状	主要以成虫危害嫩芽、新叶和花蕾
危害时期	3月底至4月初开始危害，一年发生一代
推荐用药	马拉硫磷、辛硫磷、吡虫啉

（十四）斑潜蝇

1. 虫体形态与危害症状　如图4-14-1、图4-14-2所示。

图4-14-1　斑潜蝇

图4-14-2　斑潜蝇危害桃叶

2. 识别与防治要点　见表4-14。

表4-14　斑潜蝇识别与防治要点

危害部位	叶片
危害症状	斑潜蝇（叶蛆）为多食性害虫，其幼虫、成虫均可危害叶片。受害叶片光合效率和营养物质的传导受阻，成虫有时还可传播病毒
危害时期	成虫体长1~2毫米，有明显的趋光性、趋黄性和趋绿性。雌虫虫体略大于雄虫，成虫体色偏黑，有一定的飞翔能力。雌虫依靠产卵器刺伤叶片取食汁液，取食斑多集中于叶片边缘。卵多产在叶片上、下表皮，产卵孔较取食斑小且圆。卵用肉眼很难观察，卵粒半透明，乳白色，近孵化时颜色转深。幼虫孵化后立即取食，以口沟刮食叶肉，在叶片上形成单向延伸的蛇形潜道，潜道盘绕无规律
推荐用药	阿维高氯、灭蝇胺

（十五）桃小叶蝉

1. 虫体形态与危害症状　如图4-15-1、图4-15-2所示。

图4-15-1　露地桃小叶蝉危害叶片

图4-15-2　设施内桃小叶蝉危害叶片

2. 识别与防治要点　见表4-15。

表4-15　桃小叶蝉识别与防治要点

危害部位	叶片
危害症状	以成虫和若虫在叶片上吸食汁液，使叶片出现失绿的白色斑点，严重时全树叶片呈苍白色，引起早期落叶，使树势衰弱，花芽发育不良，引起"十月小阳春"二次开花，影响翌年产量
危害时期	桃小叶蝉露地一般在4月开始活动，6~8月危害最重。设施内只要温度适宜可周年危害
推荐用药	噻嗪酮、烯啶虫胺、吡虫啉、马拉硫磷

（十六）绿盲蝽

1. 虫体形态与危害症状　如图4-16-1至图4-16-3所示。

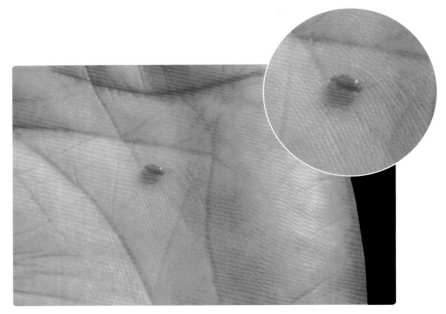

图4-16-1　绿盲蝽成虫

图4-16-2　绿盲蝽危害叶片状

图4-16-3　绿盲蝽在生长点上危害状

2. 识别与防治要点　见表4-16。

表4-16　绿盲蝽识别与防治要点

危害部位	叶片
危害症状	幼叶受害，被害处形成红褐色、针尖大小的坏死点，随叶片的伸展长大，以小坏死点为中心，拉成圆形或不规则的孔洞。危害严重的叶片，从叶基至叶中部残缺不全，就像被咀嚼式口器的害虫嚼食过。危害严重的新梢尖端小嫩叶出现孔网状褐色坏死斑
危害时期	4月中下旬花后即开始受害，发生与危害盛期在5月上中旬受害严重
推荐用药	丁硫毒、联苯菊酯

专家
提醒　　防治绿盲蝽，须采用包围战，因为绿盲蝽有迁徙性，这边喷药那边跑，所以喷药时，先在果园周围用药喷施，再进入园中喷施。

（十七）苹小卷叶蛾

1. 虫体形态与危害症状　　如图4-17-1至图4-17-7所示。

图4-17-1　苹小卷叶蛾幼虫危害叶片

图4-17-2　苹小卷叶蛾幼虫在桃树新梢上危害

图4-17-3　苹小卷叶蛾幼虫在桃树新梢上危害

图4-17-4　苹小卷叶蛾幼虫在叶片上危害

图4-17-5 苹小卷叶蛾幼虫危害叶片

图4-17-6 苹小卷叶蛾幼虫危害果实

图4-17-7 苹小卷叶蛾幼虫危害果实

2. 识别与防治要点 见表4-17。

表4-17 苹小卷叶蛾识别与防治要点

危害部位	叶片、新梢、果实
危害症状	苹小卷叶蛾幼虫吐丝缀连叶片,潜居缀叶中食害,新叶受害严重。当果实稍大常将叶片缀连在果实上,幼虫啃食果皮及果肉,形成残次果
危害规律	一年发生3~4代,黄河故道和陕西关中一带可发生4代。幼虫有转果危害习性,一头幼虫可转果危害桃果6~8个。混栽情况下,桃受害最重,在桃系列品种中,油桃重于毛桃。以幼龄幼虫在粗翘皮下、剪锯口周缘裂缝中结白色薄茧越冬。翌年新梢上吐丝缠结幼芽、嫩叶和花蕾危害,长大后则多卷叶危害,老熟幼虫在卷叶中结茧化蛹
推荐用药	马拉硫磷、氯氰菊酯、辛硫磷·甲维盐

（十八）红颈天牛

1. 虫体形态与危害症状　　如图4-18-1至图4-18-4所示。

图4-18-1　红颈天牛成虫及幼虫

图4-18-2　红颈天牛成虫交尾状

图4-18-3　红颈天牛危害树干

图4-18-4　红颈天牛危害桃枝干排出粪便

2. 识别与防治要点　见表4-18。

表4-18　红颈天牛识别与防治要点

危害部位	枝干
危害症状	红颈天牛主要危害木质部，卵多产于树势衰弱枝干树皮缝隙中，幼虫孵出后向内蛀食韧皮部。翌年春天幼虫恢复活动后，继续向内由皮层逐渐蛀食至木质部表层，初期形成短浅的椭圆形蛀道，中部凹陷。6月以后由蛀道中部蛀入木质部，蛀道不规则。随后幼虫由上向下蛀食，在树干中蛀成弯曲无规则的孔道，有的孔道长达50厘米
危害时期	2～3年1代，以各龄幼虫越冬。寄主萌动后开始危害。幼虫蛀食树干，初期在皮下蛀食，逐渐向木质部深入，钻成纵横的虫道，深达树干中心，上下穿食，并排出木屑状粪便于虫道外。受害的枝干引起流胶，生长衰弱
防治措施	可制作丙溴磷毒签或用鲜泽漆草茎插虫孔，也可破皮挖虫

（十九）斑衣蜡蝉

1. 虫体形态与危害症状 如图4-19-1至图4-19-3所示。

图4-19-1 斑衣蜡蝉若虫

图4-19-2 斑衣蜡蝉成虫及在桃树上排卵状

图4-19-3　斑叶蜡蝉虫卵

2. 识别与防治要点　见表4-19。

表4-19　斑叶蜡蝉识别与防治要点

危害部位	新梢、果实
危害症状	若虫刺吸枝、叶汁液，栖息时头翘起，有时可见数十头群集在新梢上，排列成一条直线，排泄物诱致煤污病发生，削弱植株生长势，严重时引起茎皮枯裂，甚至死亡
危害时期	一年发生1代。以卵在树干或附近建筑物上越冬。翌年4月中下旬若虫孵化危害，5月上旬为盛孵期；若虫稍有惊动即跳跃而去。经三次蜕皮，6月中、下旬至7月上旬羽化为成虫，活动危害至10月。8月中旬开始交尾产卵，卵多产在树干的南方（阴面），或树枝分叉处。一般每块卵有40～50粒，多时可达百余粒，卵块排列整齐，覆盖白蜡粉。成、若虫均具有群栖性，飞翔力较弱，但善于跳跃
推荐用药	马拉硫磷、氰马乳油

（二十）橘小食蝇

1. 虫体形态与危害症状   如图4-20-1、图4-20-2所示。

图4-20-1   橘小食蝇幼虫

图4-20-2   橘小食蝇成虫

2. 识别与防治要点　见表4-20。

表4-20　橘小食蝇识别与防治要点

危害部位	果实
危害症状	果实表面有针尖大小孔，挖开后可见到蝇蛆，成虫产卵于果皮内，幼虫在果肉内蛀食，引起果实的腐烂与落果，严重影响品质和产量，被誉为水果的"头号杀手"
危害时期	一年6~8代，7月初发生，每周1代，危害至10月底
防治措施	性诱灭雄：用甲基丁香酚制作性引诱剂诱杀雄虫，如图4-20-3、图4-20-4所示  图4-20-3　橘小食蝇诱捕器 图4-20-4　诱捕器捕捉的橘小食蝇 黄板诱捕：利用橘小食蝇成虫喜欢在即将成熟的黄色果实上产卵的习性，可以采用黄色黏板诱捕成虫

（二十一）根结线虫

1. 危害症状　如图4-21-1至图4-21-3所示。

图4-21-1　受根结线虫危害后的地上表现

图4-21-2　根结线虫危害症状（地下、地上）

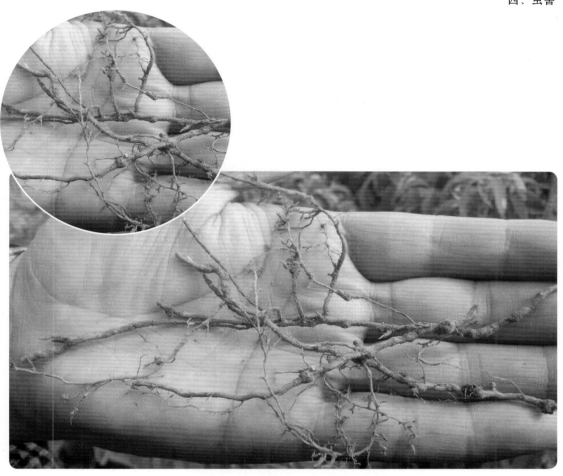

图4-21-3　根结线虫危害症状

2.识别与防治要点　见表4-21。

表4-21　根结线虫识别与防治要点

危害部位	根系
危害症状	叶褪绿变黄、变小，枝条细弱，开花少或不开花。挖出桃树的幼根，可见其上生有许多虫瘤，老虫瘤表皮粗糙，质地坚硬。虫瘤基本上生于须根的侧面，扁圆形
危害时期	桃根结线虫以幼虫在土中或以成虫及卵在遗留于土中的虫瘤内越冬，一年发生数代。刚孵出的幼虫不久即离开虫瘤迁入土中，如接触幼根即侵入危害，刺激细胞，形成大小不等的虫瘤。根结线虫在土温25~30℃、土壤相对湿度为40%左右时发育最适宜。中性沙质壤土发病严重
推荐用药	阿维菌素灌根

（二十二）蝉（知了）

1. 虫体形态与危害症状　如图4-22-1至图4-22-5所示。

图4-22-1　蝉幼虫

图4-22-2　蝉成虫

图4-22-3 留在树干上的蝉蜕

图4-22-4 蝉产卵于新梢，导致新梢死亡

图4-22-5　蝉卵

2. 识别与防治要点　　见表4-22。

表4-22　蝉识别与防治要点

危害部位	新梢
危害症状	造成新梢枯死，枯死处有一道道伤口，剥开伤口可看见蝉产下牙黄白色的卵
危害时期	6~9月
防治措施	利用成虫趋光性，在夜里果园点火，轻微晃动树体，待成虫飞向火堆人工捕捉。在夜里手持电筒挨树捕捉出土若虫

五、生理性病害

气象因素（温度过高或过低，雨水失调，光照过强、过弱和不足等），营养元素（氮、磷、钾及各种微量元素的过多或过少），有害物质因素（土壤含盐量过高、pH过大过小），工业废气、废水、废渣，有害农业生物等，导致桃在生长发育过程中出现的不正常的生长状态称生理性病害。这类伤害没有病原物的侵染，不会在植物个体间互相传染，所以也称非传染性病害。生理性病害只有病状，没有确切的病症。

常见现象

突发性　病害在发生发展上，发病时间多数较为一致，往往有突然发生的现象。病斑的大小、色泽较为固定。

普遍性　通常是成片、成块普遍发生，常与温度、湿度、光照、土质、水、肥、废气、废液等特殊条件有关，因此，无发病中心，相邻植株的病情差异不大，甚至附近某些不同的作物或杂草也会表现类似的症状。

散发性　多数是整个植株呈现症状，且在不同植株上的分布比较有规律，若采取相应的措施改变环境条件，植株一般可以恢复健康。

有效防治措施

加强环境因子的管理与调节，平衡施肥，增施有机肥料，及时除草，勤松土；合理控制单株果实负载量，增加叶果比。对易发生日灼病的品种，夏季修剪时，在果实附近多留叶片以遮盖果实，注意果袋的透气性，对透气性不良的果袋可剪去袋下方的一角，促进通气。天气干旱、日照强烈的地方，要注意尽量保留遮蔽果实的叶片，预防日灼的发生。生长前期注意追施速效氮肥，在果实成熟前要控制施用氮肥。采收后及时追施速效氮肥，增强后期叶片的光合作用，增加树体养分的积累和花芽的分化。叶面喷肥能较快弥补氮素营养的不足，但不能代替基肥和追肥，对缺氮的桃园尤其要重视基肥的施用。

（一）生理性流胶

1. 发病症状　如图5-1-1至图5-1-4所示。

图5-1-1　春季花芽期生理性流胶

图5-1-2　春季花芽期生理性流胶

图5-1-3　春季生理性流胶

图5-1-4　夏秋季生理性流胶

2. 识别与防治要点　见表5-1。

表5-1　生理性流胶识别与防治要点

危害部位	枝干
危害症状	在主干、主枝上，树胶初时为透明或褐色，时间一长，柔软树胶变成硬胶块
发病原因	肥水过于充足，形成高压高渗，导致细胞壁破裂 机械损伤，致使养分外渗
防治措施	刮除流胶，涂抹乙蒜素+硫酸链霉素+复硝酚钠

（二）银叶病

1. 发病症状　如图5-2所示。

图5-2　夏剪过重造成银叶病

2. 识别与防治要点　见表5-2。

表5-2　银叶病识别与防治要点

危害部位	叶片
危害症状	病叶先呈铅色，后变为银白色。展叶不久就能看到病叶变小，质脆，叶绿素减少，靠近新梢的叶片症状明显
发病条件	生长中修剪过重造成
防治措施	避免修剪过重，用2.85%硝萘合剂+尿素先喷施后灌根

（三）生理性缩果

1. 发病症状　如图5-3所示。

图5-3　生理性缩果

2. 识别与防治要点　见表5-3。

表5-3　生理性缩果识别与防治要点

危害部位	果实
危害症状	果实线合处凹陷皱缩。其症状在果实长到蚕豆大时就表现出来，由暗绿色转为深绿色，并逐渐呈木栓化斑块而出现开裂，长成畸形果 同时还表现早春芽膨大，接着枯死并开裂。叶片厚而且畸形，新梢从上往下枯死，枯死部位的下方长出侧枝，呈现丛枝反应
发病条件	落花后两周（约5月中旬）表现受害，很快达到发病盛期，一直到7月上旬，是因硼素供应不足所致
防治措施	细胞赋活剂+速效硼，健身栽培，平衡施肥，合理负载

（四）生理性裂果

1. 发病症状　如图5-4-1至图5-4-5所示。

图5-4-1　蟠桃生理性裂果

图5-4-2　油桃生理性裂果

图5-4-3　油桃生理性裂果

图5-4-4　毛桃生理性裂果

图5-4-5　毛桃生理性裂果

2. 识别与防治要点　　见表5-4。

表5-4　生理性裂果的识别与防治要点

危害部位	果实
危害症状	果实表面多处出现规则不一的裂口
发病条件	水分不均衡
防治措施	结合补钙，喷施细胞赋活剂。适时平衡浇水

（五）果实风害

1. 发病症状　如图5–5所示。

图5–5　风害造成的果实擦伤

2. 识别与防治要点　见表5–5。

表5–5　果实风害识别与防治要点

危害部位	果实
危害症状	果面粗糙、凹凸不平，伤处布满褐色粗糙栓皮
发病条件	由于留果位置不当，离枝条太近。果实膨大后在遭遇有风天气，枝条来回抽动，使果实表皮拉伤
防治措施	疏除离枝干过近果实，利用合理空间留果。果实套袋

（六）日灼

1. 发病症状　如图5-6-1至图5-6-3所示。

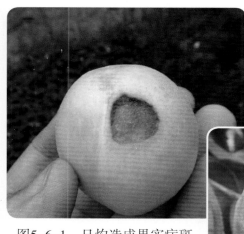

图5-6-1　日灼造成果实病斑

图5-6-2　日灼造成果实开裂

图5-6-3　热气烫伤果实

2. 识别与防治要点　见表5-6。

表5-6　日灼识别与防治要点

危害部位	果实
危害症状	果实表面产生灼伤，伤处变淡褐或炭化
发病条件	果实叶片较少或无叶片，遇到高温阳光直射，产生灼伤
防治措施	果实套袋。果实边上多留叶片

（七）设施内高温障碍

1. 发病症状　　如图5-7所示。

图5-7　设施内高温造成的叶片障碍

2. 识别与防治要点　　见表5-7。

表5-7　设施内高温障碍识别与防治要点

危害部位	叶片
危害症状	表现为叶片由边缘向内扩展呈淡黄色
发病条件	设施内温度持续35℃以上，叶片失绿，出现不规则淡黄斑
防治措施	叶面喷施细胞赋活剂，结合放风降温，设施温度保持20～30℃

（八）生理性缺氮

1. 发病症状　如图5-8所示。

图5-8　叶片缺氮症状

2. 识别与防治要点　见表5-8。

表5-8　生理性缺氮识别与防治要点

危害部位	叶片
危害症状	幼叶叶肉淡金黄色，生长势弱，树体易早衰
发病条件	负载量过大，生殖生长大于营养生长，导致氮元素不足
防治措施	细胞赋活剂+尿素喷施

（九）缺磷

1. 发病症状   如图5-9-1至图5-9-3所示。

图5-9-1   轻度缺磷表现

图5-9-2   中度缺磷表现

图5-9-3　叶片严重缺磷，手摸如皮革状

2. 识别与防治要点　见表5-9。

表5-9　缺磷识别与防治要点

危害部位	叶片
危害症状	枝条细而直立，分枝较少，呈紫红色。初期全株叶片呈深绿色。严重缺磷时，叶片转青铜色或发展为棕褐色或红褐色。新叶较窄，基部叶片出现绿色和黄绿色相间的斑纹。开花展叶时间延迟，花芽瘦弱而且少，坐果率低。果实成熟期推迟，果个小，着色不鲜艳，含糖量低，品质差。桃树生活力下降，生长迟缓
发病条件	土壤中缺少有效磷、土壤水分少、pH过高时，易出现缺磷。土壤施钙肥过多、偏施氮肥，易出现缺磷
防治措施	细胞赋活剂+磷酸二氢钾叶面喷施或灌根

（十）缺铁

1. 发病症状　　如图5-10-1、图5-10-2所示。

图5-10-1　整株缺铁，造成叶片黄化

图5-10-2　整株严重缺铁，造成脱叶

2. 识别与防治要点　　见表5-10。

表5-10　缺铁识别与防治要点

危害部位	叶片
危害症状	新梢节间短，发枝力弱。严重缺铁时，新梢顶端枯死。新梢顶端的嫩叶变黄，叶脉两侧及下部老叶仍为绿色，后随新梢长大，全叶变为黄白色，并出现茶褐色坏死斑。新梢中、上部叶变小早落或呈光秃状。新梢顶端可抽出少量失绿新叶。花芽不饱满。果实品质变差，产量下降。数年后树冠稀疏，树势衰弱，致全树死亡
发病条件	土壤pH高、石灰含量高或土壤含水量高，均易造成缺铁。磷肥、氮肥施入过多，可导致树体缺铁。另外铜元素不利于铁元素的吸收，锰和锌过多也会加重缺铁
防治措施	细胞赋活剂+喷施螯合铁肥

（十一）缺钙

1. 发病症状　如图5-11所示。

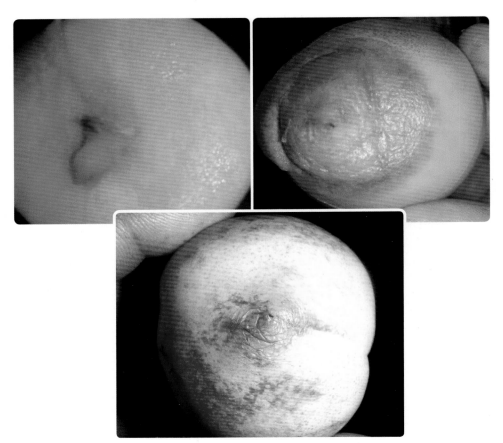

图5-11　果实生理性缺钙的不同表现形式

2. 识别与防治要点　见表5-11。

表5-11　缺钙识别与防治要点

危害部位	果实
危害症状	果实在七成熟时顶部变软，表皮出现皱缩
发病条件	湿度过大或过于干旱
防治措施	细胞赋活剂+螯合钙喷雾。平衡土壤干湿度

（十二）缺镁

1. 发病症状　如图5-12-1至图5-12-5所示。

图5-12-1　叶片缺镁中期症状

图5-12-2　叶片缺镁后期症状

图5-12-3 单枝缺镁导致叶缘发黄

图5-12-4 幼树缺镁导致叶缘发黄

图5-12-5　幼树缺镁叶缘发黄症状

2. 识别与防治要点　见表5-12。

表5-12　缺镁识别与防治要点

危害部位	叶片
危害症状	缺镁初期，成熟叶片呈深绿色或蓝绿色，小枝顶端叶片轻微缺绿，叶片薄。生长期缺镁，当年生长枝基部叶片出现坏死斑，有淡金黄色叶缘，坏死区由灰白浅绿变成淡棕黄色，以后凋落。缺镁叶缘失绿，落叶严重。成年桃树缺镁，影响花芽形成
发病条件	土壤偏酸、偏碱、干燥，有机肥不足，以及施用钾、钠、磷、氮等肥料过量时，都易引起桃植株缺镁症
推荐用药	细胞赋活剂+硫酸镁

（十三）畸形果

1. 发病症状　如图5-13-1至图5-13-3所示。

图5-13-1　油桃畸形果

图5-13-2　毛桃畸形果

图5-13-3　蚜虫危害造成畸形果

2. 识别与防治要点　见表5-13。

表5-13　畸形果识别与防治要点

危害部位	果实
危害症状	畸形
发生原因	造成这些果实畸形的原因，既有人为因素，如过量使用生长调节剂；也有虫害，如蚜虫；或环境因素，如水分亏缺、低温、高温、强光等
防治措施	喷施细胞赋活剂6 000倍液，及时治蚜，搞好田间管理

（十四）光腿枝

1. 发病症状　如图5-14所示。

图5-14　光腿枝

2. 识别与防治要点　见表5-14。

表5-14　光腿枝识别与防治要点

危害部位	新梢
危害症状	无芽眼
发生规律	在8月抽出的部分新梢由于生长过快，无法形成芽眼，翌年只有顶端发芽
防治措施	少施氮肥，适时控梢

（十五）枝缢缩

1. 发病症状　如图5-15所示。

图5-15　管理失误造成枝干缢缩

2. 识别与防治要点　见表5-15。

表5-15　枝缢缩识别与防治要点

危害部位	枝干
危害症状	拉绳处下陷变细，产生深沟，易折断，导致养分输送不均衡
发生原因	未能及时解除拉枝绳子
防治措施	及时解除拉枝绳子

（十六）水涝黄化

1. 发病症状　如图5-16-1、图5-16-2所示。

图5-16-1　露地桃因积水致涝，导致根系缺氧，引起叶片发黄

图5-16-2　设施内桃因地势不平，低洼积水根系缺氧，导致叶片发黄

2. 识别与防治要点　见表5-16。

表5-16　水涝黄化识别与防治要点

危害部位	叶片
危害症状	新梢叶片黄，生长不良
发病原因	山桃砧不适宜平原高肥水地带，其原因为毛细根及侧根少，只有为数不多的主根，吸收肥水能力弱，长时间土壤湿度大引起根系缺氧导致黄化
防治措施	采用平原生长毛桃做砧木，可以有效改善这一现状。及时中耕松土，可促进根系吸氧，有效改善山桃砧在高肥水地带这一缺陷。叶面喷施细胞赋活剂6 000倍液

六、药害与肥害

在防治病虫草害的过程中，因使用化学药物（杀虫剂、杀菌剂、除草剂、植物生长调节剂等）或肥料不当，对桃所造成的伤害，称为药害与肥害。

药害类型

果树药害在夏秋季节容易发生，农药对果树的损害类型分为急性和慢性两种。遭受慢性药害的果树生长缓慢；遭受急性药害的果树，常出现落叶落果、光合作用差等异常状况。

药害产生的原因

药剂的剂型不对　药剂的理化性质与果树的关系最大。一般情况下，水溶性强的、分子小的无机药剂最易产生药害，如铜、硫制剂。水溶性弱的药剂则比较安全，微生物药剂对果树安全。农药的不同剂型引起药害的程度也不同，油剂、乳化剂比较容易产生药害，可湿性粉剂次之，乳粉及颗粒剂则相对安全。

果树对药剂敏感　桃在生长季对除草剂敏感，无论用何种比例配制极易发生药害。例如在桃园使用40%阿特拉津除草时，每亩300毫升，桃树会出现药害，轻者叶片黄化，重者大量落叶。

药剂施用方法不当　用药浓度过高，药剂溶化不好，混用不合理，喷药时期不当等，均易发生药害。如波尔多液与石硫合剂、退菌特等混用或使用间隔少于20天，就会产生药害。药剂混配后浓度叠加效应药害更易发生。

环境条件不适　环境条件中以温度、湿度、光照影响最大。

高温强光易发生药害，因为高温可以加强药剂的化学活性和代谢作用，有利于药液侵入植物组织而引起药害，如石硫合剂，温度越高，疗效越好，但药害发生的可能性就越大。

湿度过大时，施用一些药剂也易产生药害。如喷施波尔多液后，药液未干即遇降雨，或叶片上露水未干时喷药，会使叶面上可溶性铜的含量骤然增加，易引起叶片灼伤；喷施后经过一段时间，遇到较大风时，也会使叶面上可溶性铜含量增加，使叶片焦枯。

风起药害　在有风的天气喷洒除草剂，易发生飘移药害。

药害产生的部位

　　叶部药害　施药后1～2天，叶面出现圆形或不规则形红色药斑。叶尖、叶缘变褐干枯，严重的全叶焦枯脱落。施药后5～7天。叶片部分不规则变黄。严重的全叶变黄脱落。如图6−1至图6−3所示。

图6−1　盲目混用药剂导致叶片脱落

图6−2　盲目混用药剂导致叶片灼伤

图6−3　盲目混用药剂导致叶片灼伤

　　果实药害　施药后3～5天，幼果果面出现红色或褐色小点斑。随果实发育膨大成圆形斑，但一般不脱落。有的施药后7～10天，幼果大量脱落，严重的全树落光。成熟的果实因果面出现铁锈色或"波尔多"药斑变成"花脸"果，严重影响果品等级。

枝干药害 从地面沿树干向上树体韧皮部变褐，严重的延伸到2～3年生枝。5～7天后严重的全树叶片变黄脱落或干焦在树上；轻的部分主枝变黄枯死，部分受害轻的树，还能长出新叶。药害发生的原因主要与农药的质量、使用技术、果树种类和气候条件等因素有关。农药质量不合格，原药生产中有害杂质超过标准，农药存放时间长等，不仅杀虫、杀菌效果差，还易出现药害；农药使用过量，包括浓度过高、重复喷药，也易造成药害；农药混用不当，同时施用两种或两种以上农药，农药间相互发生化学变化，杀虫、杀菌效果低，还可发生药害；环境条件也是发生药害的重要原因，如喷波尔多液后，药液未干遇雨或气温过高等。

防治策略

暂停应用同类药 在药害完全解除之前，尽量减少使用农药，尤其是同类农药要停止使用，以免加重药害。

用清水冲洗 如果施药浓度过大造成药害，要朝果树叶片两面反复喷施清水冲洗，以冲刷掉残留在叶片表面的药剂。此项措施进行时间越早越及时效果越好。

适量修剪 果树受到药害后，要及时适量地进行修剪，剪除枯枝，摘除枯叶，防止枯死部分蔓延或受病菌侵染而引起病害。

喷药中和 如药害造成叶片白化时，可用粒状的50%腐殖酸钠配成3 000倍液进行叶面喷雾；或用同样方法将50%腐殖酸钠配成5 000倍液进行灌溉，3～5天后叶片会逐渐转绿。如因波尔多液中的铜离子产生药害，可喷0.5%～1%石灰水溶液来消除药害；如因石硫合剂产生药害，水洗的基础上，再喷洒400～500倍的米醋溶液，可减轻药害；若错用或过量使用有机磷、菊酯类、氨基甲酯类等农药造成药害，可喷洒0.5%～1%石灰水、肥皂水、洗洁精水等，尤以喷洒碳酸氢铵等碱性化肥溶液为佳，这样，不仅有解毒作用，而且可以起到根外追肥、促进生长发育的效果。

及时追肥 果树遭受药害后，生长受阻，长势衰弱，必须及时追肥（氮、磷、钾等速效化肥或稀薄人粪尿），以促使受害果树尽快恢复长势。如药害为酸性农药造成，可撒施一些草木灰、生石灰，药害重的用1%漂白粉液进行叶面喷施。对碱性农药引起的药害，可追施硫酸铵等酸性化肥。无论何种药害，叶面喷施0.3%尿素溶液加0.2%磷酸二氢钾混合液，每隔15天喷1次，连喷2～3次，均可减轻药害。

注射清水 在防治天牛、吉丁虫、木蠹蛾等蛀干害虫时，因用药浓度过高而引起的药害，要立即自树干上虫孔处向树体注入大量清水，并使其向外流水，以稀释农药，如为酸性农药药害，在所注水液中加入适量的生石灰，可加速农药的分解。

中耕松土 果树受害后，要及时对园地进行中耕松土（深10～15厘米），适当增施磷、钾肥，以改善土壤的通透性，促使根系发育，增强果树自身的恢复能力。

（一）乙草胺药害

1. 危害症状　如图6-1-1至图6-1-4所示。

图6-1-1　误将除草剂乙草胺当作杀菌剂灌入桃树根
　　　　　部在新梢上表现

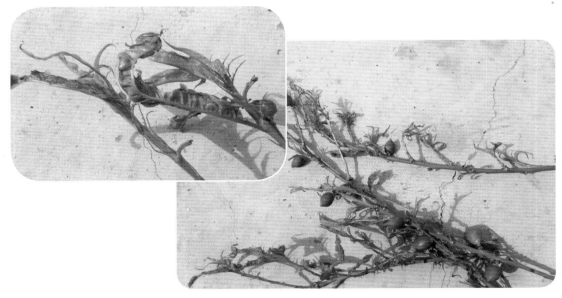

图6-1-2　果园过量施用除草剂乙草胺在桃新梢上的顶端表现

图6-1-3　果园大量施用除草剂乙草胺导致新梢畸形

图6-1-4　果园大量施用除草剂乙草胺导致叶片畸形

2. 识别与防治要点　见表6-1。

表6-1　乙草胺药害识别与防治要点

危害部位	叶片、果实
危害症状	叶面边缘淡黄，叶尖变褐枯死
发生规律	因产品包装标识脱落，误认为是杀菌剂顺水灌根造成
防治措施	细胞赋活剂6 000倍液喷雾或灌根

（二）阿维三唑磷药害

1. 危害症状 如图6-2-1至图6-2-3所示。

图6-2-1 阿维三唑磷防治根结线虫用法与用量不当造成叶缘枯焦

图6-2-2 阿维三唑磷防治根结线虫用法与用量不当造成落叶

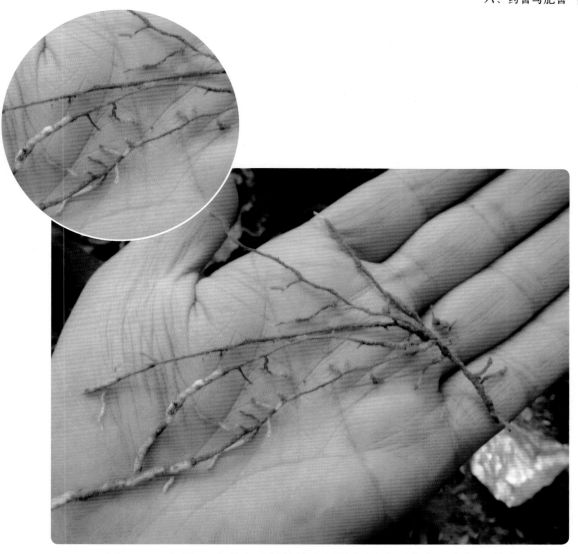

图6-2-3 阿维三唑磷防治根结线虫用量与用法不当在吸收根上的表现

2. 识别与防治要点   见表6-2。

表6-2 阿维三唑磷药害识别与防治要点

危害部位	根系
危害症状	根系接触药液，产生吸收根灼伤坏死，地上叶片两侧变褐变焦，严重时养分供应不上，叶片发黄脱落
发生条件	高浓度药液对根系灼伤
防治措施	根部灌施硝萘合剂6 000倍液+腐殖酸6 000倍液

（三）农药的隐性成分造成药害

1. 危害症状　如图6-3-1至图6-3-4所示。

图6-3-1　农药的隐性成分造成果面灼伤

图6-3-2　农药的隐性成分造成果面灼伤泡，伤愈合后，果面留下的疤痕及胶体

图6-3-3　农药的隐性成分造成果面灼伤泡并引起果实脱落

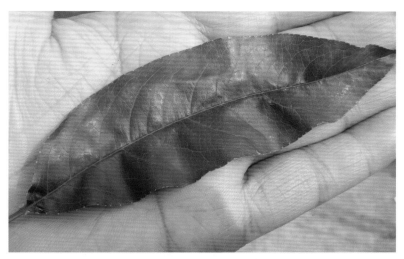

图6-3-4　农药的隐性成分造成的叶面灼伤

2. 识别与防治要点　见表6-3。

表6-3　农药的隐性成分造成药害识别与防治要点

危害部位	叶片、果实
危害症状	果实表面如同烫伤，布满灼伤水泡
发生规律	农药隐性成分中毒，同一种农药商品，不同厂家正负效果不同
防治措施	早期发现后，用高压水枪反复喷清水冲洗，降低树体药液含量；随后喷施细胞赋活剂6 000倍液

（四）超剂量使用复硝酚钠

1.危害症状　如图6-4-1、图6-4-2所示。

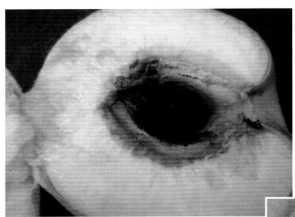

图6-4-1　超剂量使用复硝酚钠导致
毛桃果实后期开裂

图6-4-2　超剂量使用复硝酚钠导致
油桃果实后期开裂

2.识别与防治要点　见表6-4。

表6-4　超剂量使用复硝酚钠识别与防治要点

危害部位	果实
危害症状	顺果实表面缝合线处有裂口，用手一掰即开，果核呈现自然开裂状
发生规律	生长季节为抑制新梢生长，超剂量、多次使用复硝酚钠
防治措施	建议按产品说明书合理使用

（五）生长季节喷施毒死蜱造成药害

1. 危害症状　如图6-5所示。

图6-5　生长季节喷施毒死蜱造成卷叶

2. 识别与防治要点　见表6-5。

表6-5　生长季节喷施毒死蜱造成药害识别与防治要点

危害部位	叶片
危害症状	由叶两侧向上打卷
发生规律	生长季节喷施毒死蜱造成
防治措施	喷施细胞赋活剂6 000倍液缓解

（六）有机肥毒害

1. 危害症状　　如图6-6-1至图6-6-4所示。

图6-6-1　有机肥在土壤中二次发酵引起灼根后在叶片上的表现

图6-6-2　设施内施用大量未充分腐熟农家肥，导致大量有害气体（硫化氰）或氨气挥发，引起植株中毒，导致全树落叶

图6-6-3　棚桃农家肥二次发酵，
　　　　　引起根系灼伤

图6-6-4　未腐熟农家肥引起根系灼
　　　　　伤，导致其木质部变褐

2. 识别与防治要点　见表6-6。

表6-6　有机肥毒害识别与防治要点

危害部位	叶片、根系
危害症状	叶面淡黄，叶尖变褐枯死，叶缘黄枯等；根系变褐，腐烂
发生规律	秋季大量施用没有充分腐熟的有机肥，翌春在土壤中遭遇高温高湿，产生二次发酵散发恶臭气体（硫化氰）导致果树根系中毒灼伤。初期地上表现叶片出现淡黄色，逐步加重，后续脱落
防治措施	硝萘合剂6 000倍液灌根；结合中耕松土，进行散气、散热、排毒

（七）设施桃大剂量使用硝态氮毒害

1. 危害症状　如图6-7-1、图6-7-2（A、B）、图6-7-3所示。

图6-7-1　超剂量使用硝态氮肥导致营养生长过旺，出现果枝过粗、少果或无果

结果枝直径8毫米以上

肥大叶片与正常叶对比

图6-7-2 生长过旺的表现

图6-7-3　错误施肥方法——根部撒施大量硝态氮肥

2.识别与防治要点　见表6-7。

表6-7　设施桃大剂量使用硝态氮毒害识别与解决方法

危害部位	整株
危害症状	树体徒长，枝条过粗挂不上果，叶片肥大过密，通风不良易产生病害
发生原因	果农缺乏施肥经验，多批次大量施入硝态氮肥
防治措施	棚室排湿降温，根部适量施入多效唑控制徒长，疏除过密枝条